利用家庭小陽台、
宿舍小窗台輕鬆栽種植物、
簡單料理蔬菜，
重拾不花錢、
不費力的生活樂趣！

{ 自己種菜最好吃 }
100種吃法輕鬆烹調＆15項蔬果快速收成

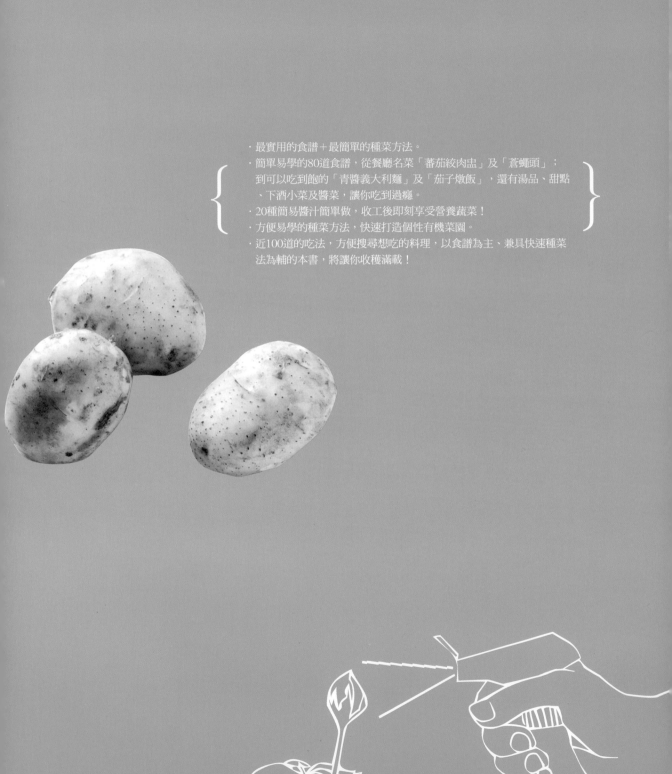

．最實用的食譜＋最簡單的種菜方法。
．簡單易學的80道食譜，從餐廳名菜「蕃茄絞肉盅」及「蒼蠅頭」；
　到可以吃到飽的「青醬義大利麵」及「茄子燉飯」，還有湯品、甜點
　、下酒小菜及醬菜，讓你吃到過癮。
．20種簡易醬汁簡單做，收工後即刻享受營養蔬菜！
．方便易學的種菜方法，快速打造個性有機菜園。
．近100道的吃法，方便搜尋想吃的料理，以食譜為主、兼具快速種菜
　法為輔的本書，將讓你收穫滿載！

自己種菜最好吃

100種吃法輕鬆烹調&15項蔬果快速收成

新生代專業廚師

陳富順 著

朱雀文化

簡單種蔬菜、輕鬆煮美味

當阿嬤家滿園的綠意蔬菜被都市高樓取代、當假日下廚的興致被街頭的便餐給沖散、當想喝一杯啤酒卻找不到下酒菜，當朋友拜訪家裡，卻只能撥打電話叫披薩……這時你是不是開始懷念帶親友參觀你的小陽台盆栽、當場收成蔬菜，快火炒幾道美味佳餚給他們吃的溫馨，或是認真烹煮幾道招牌菜，豐富自己生活的悠哉。

這本以自然食材為主的食譜，就是要教你自己種菜自己吃，利用家庭小陽台、宿舍小窗台輕鬆栽種植物、簡單料理美味菜餚，重拾不花錢、不費力的生活樂趣！

本書編排以常見的食譜為主，提供簡單易學的80道家常食譜，從做法簡單的「銀芽炒雞絲」、「塔香茄子」及「奶油烤絲瓜」；餐廳名菜「開陽小白菜」、「蒼蠅頭」及「蕃茄絞肉盅」，到可以吃到飽的「鮮蔬炒麵」、「臘腸芥蘭燴飯」及「青醬義大利麵」，還有湯品「芥蘭牛肉羹」、「空心菜小魚湯」及「地瓜葉味噌湯」等，當然少不了小朋友愛吃的甜點「地瓜酥」及「清涼綠茶凍」等，也羅列下酒小菜或醬菜「辣椒小魚乾」、「辣椒素麵醬」、「涼拌鮮茄」及「五味脆絲瓜」等製作方法。更為忙碌的現代人設計了〈現做現吃！20醬汁DIY馬上吃〉的單元，讓你下班馬上就能享受營養蔬菜！

同時我們也編輯了簡單易學的種菜方法，有〈最輕鬆的3種蔬菜栽培法〉、〈種菜Q＆A解惑室〉等單元，讓你方便打造自己的有機菜園。將近一百道的菜餚吃法，讓你方便搜尋想做的料理，即使你還沒準備好要種菜，以食譜為主的本書，也將讓你收穫滿載！

來種蔬菜吧！不費力的蔬菜栽培法，讓你快樂學種菜。

來煮加入豐富蔬菜的中西家常菜吧！經常攝取蔬果營養，不但讓你保有健康、也嘗遍美味！

Contents 目錄

Contents 目錄

現做現吃！20種DIY自製醬汁
簡單調製 蔬菜馬上吃

新鮮蔬菜不用多餘的調味料，淋上適量的醬汁就能即刻品嘗！這裡教你20種不同風味的淋醬，讓你輕鬆享受蔬菜的鮮美原味。

中華風味

日本風味

|蒜泥醬汁|

材料：蒜泥10克、油膏20克、辣油少許、香油少許

做法：將所有的材料拌勻即成。

|白醋香汁|

材料：鹽1小匙、糖2小匙、香油1小匙、辣油3小匙、白醋2小匙

做法：將所有的材料混合拌勻即成。

|柴魚汁|

材料：蘿蔔泥20克、柴魚醬油30克、味醂5克、果糖5克

做法：將所有的材料拌勻即成。

|香滷汁|

材料：醬油膏2小匙、香油少許、糖2小匙、豆腐乳1/4小匙、水3小匙、月桂葉1片、蕃茄醬少許

做法：將所有的材料混合拌勻即成。

|糖醋醬汁|

材料：果菜汁60克、糖20克、醋10克、蕃茄10克、鹽少許

做法：將所有的材料混合拌勻即成。

|味噌醬|

材料：味噌40克、糖10克、薑末3克、味醂10克

做法：將所有的材料拌勻即成。

|肉燥醬|

材料：絞肉300克、醬油40克、胡椒粉少許、油蔥酥30克、蒜頭酥5克、冰糖5克、水80克、五香粉少許

做法：1.起油鍋炒香絞肉。2.再把所有材料一起放入鍋中熬煮入味即成。

|台式五味醬|

材料：香菜5克、薑末10克、果糖2小匙、蒜泥10克、蕃茄醬2小匙、蔥花15克、烏醋1小匙、香油少許、辣椒末10克、油膏4小匙

做法：1.香菜切碎。2.連同其它的所有材料混合拌勻。

|咖哩淋醬|

材料：咖哩塊1片、水200克、鹽1/2小匙、太白粉水少許

做法：將所有材料一起入鍋煮至略為濃稠即可食用。

|韓式辣椒醬汁|

材料：市售韓式辣椒醬30克、果糖10克、香油少許、冷開水5克、花椒粉少許、蒜泥5克

做法：將所有的材料混合拌勻即成。

|香橙醬汁|

材料：柳橙汁100克、橄欖油50克、紅酒醋10克、鹽少許、黑胡椒粒少許

做法：將所有的材料混合拌勻即成。

|哇沙米淋醬|

材料：市售沙拉醬30克、油膏10克、哇沙米適量

做法：將所有材料拌勻即成。

|優格沙拉醬|

材料：市售沙拉醬90克、原味優格20克、蜂蜜5克

做法：將所有的材料攪拌拌勻即成。

|檸檬油醋汁|

材料：檸檬汁15克、沙拉油50克、洋蔥碎12克、檸檬皮屑少許、鹽適量、白胡椒粉適量

做法：將所有的材料混合拌勻即成。

|梅醋汁|

材料：梅子醋30克、奧利岡碎少許、橄欖油5克、洋蔥碎少許、果糖1小匙、檸檬汁少許、話梅1粒、黑胡椒粉少許

做法：將所有材料攪拌均勻即成。

|泰式淋醬|

材料：市售泰式甜辣醬30克、市售泰式辣椒醬10克、花椒粉少許、香油少許、市售醬油膏5小匙

做法：將所有的材料混合拌勻即成。

|美乃滋|

材料：蛋黃1個、沙拉油200克、白醋10克、鹽適量、胡椒粉適量、檸檬汁少許

做法：將所有的材料混合拌勻即成。

|芝麻醬|

材料：七味粉5克、芝麻醬20克、花生醬10克、開水40克、果糖適量

做法：將所有的材料混合拌勻即成。

|魚露醬汁|

材料：醬油30克、味精1小匙、魚露50克、冰糖40克、水700克、胡椒粉適量、香菜頭少許、月桂葉1片

做法：將所有的材料混合拌勻即成。

|百香果醬汁|

材料：市售沙拉醬600克、濃縮百香果汁100克、柳橙汁20克、檸檬汁少許、蜂蜜適量

做法：將所有材料攪拌均勻即成。

現淋現吃！10種市售醬汁
不必烹調 蔬菜輕鬆吃

想迅速品嘗美味的現摘蔬菜嗎？超級市場、便利商店的市售醬汁，可以即時解決你的口腹之慾，讓你馬上享用鮮脆蔬菜！

|千島沙拉醬|

在北美千島群島的一個小旅館被創造出來的沙拉醬汁，淡淡的蕃茄味及酸黃瓜香氣，是千島醬的最大特色，最常用來當做麵包、三明治的抹醬，以及沙拉的醬汁。因為醬料本身就有很多層次的味道，所以不需特別調味，就能充分做出好吃的涼拌蔬菜。

|法式沙拉醬|

最常用到的沙拉醬，以沙拉油和雞蛋為主要原料，有濃濃的醬香味，可以單獨淋在食物上，也可以更一進步的做各色醬汁的基底。適合淋在沙拉、炸雞上做調味，或搭配三明治、麵包品嘗。

|甜辣醬|

蕃茄醬與辣椒醬製成的美味醬料，甜甜辣辣的很開胃，是沾餃子、肉粽、蛋餅、蘿蔔糕等多種台式小吃的好佐料，也可以用來淋在蔬菜上，讓生菜沙拉瞬間擁有香味的滋味。不只能做淋醬，也能做基底醬，搭配醬油、魚露等配方，做延伸的運用。

|泰式沙拉醬|

酸、甜、辣、鹹等各種繽紛的滋味交織，是泰式沙拉醬的最大特點，它由魚露為基底，再加上檸檬汁、香菜及辣椒等多種香料製成，可以沾炸餅、海鮮等料理，用來淋蔬菜，也別有一番風味。

|蒜蓉醬|

主要原料為大蒜與醬油膏，免除了自己搗大蒜的麻煩，蒜味撲鼻、味道香濃，很適合做台式燙青菜的淋醬，最適合與地瓜葉、空心菜、小白菜一起品嘗。也可以自行加料，當做特製醬汁的基底。

|越南海鮮醬|

味道和泰式香辣醬很像，不過味道較圓潤，以魚露、辣椒末、檸檬汁和香菜為主要原料，嘗起來甘鹹帶酸甜，雖然最常用來沾食海鮮、春捲、烤肉及河粉，但味道濃郁芳美，淋在蔬菜上，也有好味道。

|鰹魚醬油|

擁有鰹魚氣息的日式風味醬油，配方每家不同，以醬油為基底，再加入鰹魚、海帶、米醋等調味料釀成，滋味豐富，除了醬油的鹹香風味外，還帶著魚的鮮美、海帶的甘甜等多層次的風味，除了是火鍋湯底、食物沾醬的好幫手外，也能當蔬菜淋醬，帶給蔬菜不一樣的鹹香滋味。

義式油醋醬

一種義式風味的沙拉醬汁，以橄欖油或芥花油為底，拌入酒醋、羅勒、迷迭香、大蒜及洋蔥等香料做成，味道酸溜開胃，滿盈濃厚的香料氣息，是極受女性喜愛的一種低熱量沙拉醬汁。

|和風沙拉醬|

最適合搭配蔬菜的沙拉醬之一，通常以柴魚醬汁做基底，加上水果酢、味霖、芝麻或橄欖油做成，滋味酸甜開胃，適合搭配如苜蓿芽、蕃茄、玉米等各式蔬菜，能賦於料理甜美濃郁的味道。

|凱薩沙拉醬|

由1924年墨西哥的一間義大利餐廳的主廚 Caesar Cardini 所發明，是最有名的沙拉醬之一，以芥末醬、鰻魚片、醋、檸檬汁、起司、蛋黃等多種材料製成，擁有濃郁芬芳的滋味，很適合搭配生菜，但任何蔬菜遇到它，都能化身成美味的料理。

好菜輕鬆煮 ✽ 蔬菜簡單種

簡單易學的80道食譜，從餐廳裡的經典名菜「蕃茄絞肉盅」及「蒼蠅頭」；到可以吃到飽的「青醬義大利麵」及「茄子燉飯」，還有湯品、甜點、下酒菜及醬菜，讓你吃到過癮！

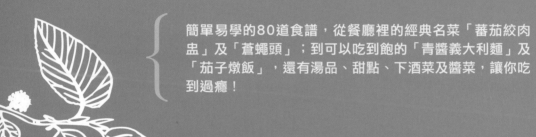

{ 輕鬆好種的15種蔬菜：有最
好種的豆芽菜、九層塔及地瓜
葉，最受歡迎的小白菜、茄子
和蕃茄等，這些快速收成撇步
全告訴你！ }

Soybean Sprouts &
Bean Sprouts

黃&綠豆芽菜

最容易栽種的蔬菜！

綠豆芽又叫豆芽菜，雖然價格便宜，但卻是營養豐富的蔬菜，含有維生素C、E、B$_1$、B$_2$、鈣、磷、鐵及菸鹼酸等豐富營養素，中醫認為它有清熱退火、生津潤燥的功效；至於黃豆芽營養更豐富，是蔬食主義者，補充蛋白質的重要蔬菜，中醫認為黃豆芽有補氣血、降低膽固醇、美白肌膚的功效，是韓國人非常喜歡的蔬菜之一。無論是綠豆芽或是黃豆芽，都很好栽種，只要依照步驟施種，失敗率幾乎百分之零！

輕鬆種黃&綠豆芽：

1・將綠豆泡水3小時（黃豆則泡1天）。
2・取一淺口容器，鋪上海綿及乾淨的白細石粒。
3・豆子瀝乾水分後，均勻地鋪在容器上。
4・每天澆水保持濕度，約5～7天後，當莖部長至5～6公分即可收成。

TIPS
豆芽栽培過程不需日曬，只需放置陰涼通風處，保持濕度，就能健康成長。

豆芽**煎蛋** | 加點蔬菜在煎蛋裡，早餐豐盛一點，生活也豐富一點！

|材料|
綠豆芽100克、蛋3顆、蔥花5克

|調味料|
鹽1/3小匙、雞粉1/2小匙

|做法|
1．起油鍋，炒香綠豆芽和蔥花。
2．蛋打成蛋液，將蛋液攪拌均勻加入綠豆芽和蔥花一起拌炒。
3．煎至表面略焦，即可上桌。

TIPS
想要將蛋煎得漂亮，鍋子一定要夠熱，才不會沾黏，熱鍋後，再轉小火，就能將蛋煎得完整好看。

Soybean Sprouts & Bean Sprouts

13

口感鮮美

Soybean Sprouts & Bean Sprouts

銀芽炒雞絲 | 豆芽脆、雞絲軟，味道清清爽爽、日子簡簡單單。

|材料|
雞胸肉100克、豆芽菜400克、青椒絲20克、辣椒絲10克、蔥絲10克

|調味料|
鹽1小匙、雞粉1/2小匙、米酒少許

|做法|
1・雞胸肉汆燙後撕成絲。
2・起油鍋，將所有材料拌炒均勻。
3・最後加進調味料拌勻就完成了。

清炒豆芽

簡單的炒豆芽，就是下班時光
最愜意的晚餐。

|材料|
綠豆芽200克

|調味料|
蔥花5克、鹽1/2小匙、雞粉1小匙、紹興酒10克

1‧起油鍋，爆香蔥花。
2‧放入綠豆芽拌炒。
3‧加入鹽與雞粉拌炒一下，起鍋前加入紹興酒稍微拌勻一下即成。

TIPS
用韭菜炒豆芽也很
香，若少買了蔥的
話，也可以用切段後
的韭菜代替。

Soybean Sprouts & Bean Sprouts

TIPS

蛋餅的餡料，可以依照冰
箱內儲存的蔬菜自由搭
配，加高麗菜絲、九層塔
等蔬菜也很美味！

Soybean Sprouts & Bean Sprouts

口感豐富

銀芽蛋餅

蛋餅有了豆芽，開始有清脆的嚼感，
淋上哇沙米淋醬，多了鮮明的口感。

|材料|
市售蛋餅皮1張、蛋1顆、綠豆芽100克、紅蘿蔔絲20克、木耳絲10克

|調味料|
鹽少許、胡椒粉少許、淋醬（沙拉醬30克、油膏10克、哇沙米適量）

|做法|
1・起油鍋，將綠豆芽、紅蘿蔔絲及木耳絲先加鹽和胡椒粉炒過。
2・蛋打成蛋液煎至半熟，加入蛋餅皮後翻面煎。
3・蛋餅皮包入做法1・捲起來，煎透後切塊。
4・將淋醬拌勻，淋在切塊好的蛋餅上即成。

涼拌黃豆芽

|材料|
黃豆芽300克、芹菜絲30克、辣椒絲10克、海帶芽5克、芝麻少許

|調味料|
鹽1/3小匙、味精1/2小匙、糖2小匙、香油5克、辣油5克

|做法|
1.將黃豆芽、芹菜絲及辣椒絲汆燙後，泡冰水備用。
2.將黃豆芽、芹菜絲及辣椒絲加入所有調味料後拌勻。
3.最後放上海帶芽和芝麻輕拌即可食用。

Soybean Sprouts & Bean Sprouts

韓風黃豆芽湯

|材料|
黃豆芽150克、板豆腐1小塊、洋蔥20克、韭菜10克、木耳絲10克

|調味料|
蒜泥5克、薑末5克、麻油10克
(1) 淡色醬油適量、韓式辣醬20克、糖適量、水適量

|做法|
1.起油鍋，炒香麻油，加入蒜泥、薑及水500c.c.煮滾成湯。
2.將所有材料清洗乾淨後，放入做法1.中。
3.加入調味料(1)轉小火，略煮一下即可起鍋。

Pure Clover

苜宿芽

沙拉好伴侶

經常用來做生菜沙拉的苜宿芽，是野草味道濃烈的清爽型蔬菜，含有維生素A、B_1、B_2、C、菸鹼酸及蛋白質，中醫認為它有生津潤燥、促進代謝的功效。由於苜宿芽煮熟後，口感並不好，所以最常用來當生菜食用，夾在三明治、燒餅、麵皮裡，可以緩和油膩感，增加爽口的滋味。

苜宿芽不難種植，讀者用簡單的栽種步驟，就能迅速體驗收成的喜悅！

輕鬆種苜宿芽：
1・苜宿種籽裝入網袋，裝水8小時。
2・種籽濾掉水份，鋪在有乾淨海綿（廚房紙巾亦可）的淺盤上。
3・每天澆水維持種籽濕潤。
4・約4～6天，待芽莖長至4公分左右即可採收。

TIPS
苜宿芽栽培過程不需日曬，只需放置陰涼通風處，保持濕度，若照陽光會長成綠色，酵素較少，口感較苦。

苜蓿芽**優格沙拉**

繽紛的蔬果、酸甜的醬料……
苜宿芽像一根引線，串起精彩的口感！

|材料|
培根丁10克、麵包丁10克
(1)苜蓿芽50克、小黃瓜20克、蘋果片20克、鳳梨片10克、美生菜片100克、
葡萄乾10粒、核桃2～3粒

|調味料|
優格沙拉（市售沙拉90克、原味優格20克、蜂蜜5克）

|做法|
1‧將培根丁、麵包丁事先炸過。
2‧將材料(1)混合均勻。
3‧優格沙拉攪拌均勻，再撒上培根丁、麵包丁即成。

口感豐富

Pure Clover

TIPS
麵包丁可以用剩餘的吐司自行製作，將吐司切成1公分的小方塊狀，再油炸至金黃色即可。

TIPS

喜歡清淡口感的人，炒牛肉時，可以撒少許醬油拌炒，不需加黃芥末醬及甜辣醬，也有香甜滋味。

創意吃法

牛肉苜宿芽燒餅 | 中式燒餅、西式吃法，想法轉個彎、情趣跟著來。

|材料|

牛肉片50克

(1)小黃瓜10克、苜蓿芽30克、洋蔥20克、大蕃茄片2片、起司片1片、市售燒餅1個

|調味料|

奶油適量、黃芥末醬10克、甜辣醬10克

|做法|

1‧先以奶油炒香牛肉片。

2‧燒餅依序夾上材料(1)及牛肉片。

3‧依口味將黃芥末醬及甜辣醬夾進燒餅內調味即可食用。

元氣蔬菜卷

|材料|

苜蓿芽50克、潤餅皮2張、紫高麗絲10克、美生菜絲20克、刈薯10克、紅甜椒5克、黃甜椒5克

|調味料|

花生糖粉10克、市售沙拉醬適量

|做法|

1.刈薯洗淨、切條狀，紅、黃甜椒切粗絲，和紫高麗、美生菜絲一起泡冰水3分鐘，瀝乾水分備用。
2.依序將材料放入潤餅皮裡。
3.撒上花生糖粉，擠上適量的沙拉醬，再捲起來即可食用。

P u r e C l o v e r

芽菜壽司

|材料|

蘆筍2根、紅蘿蔔20克、海苔（料理用）2張、苜蓿芽50克、美生菜絲200克、魚鬆30克

|調味料|

市售沙拉醬適量

|做法|

1.紅蘿蔔、蘆筍汆燙後冷卻備用。
2.海苔略為烤過，平鋪於沾板上，將美生菜絲鋪在海苔上打底。
3.依序放上苜蓿芽和魚鬆，並擠上沙拉醬，再捲起來呈圓桶狀，切塊後，擺盤即可上桌。

Sweet Potato Leaves &
Sweet Potato
地瓜葉＆地瓜

零缺點減肥蔬菜

又叫蕃薯，是令人懷念的正宗台灣蔬菜，它能食用的有兩個地方，一是收長在地面上的植株葉面，一是生長在泥土下的塊莖部分。由於地瓜葉纖維質較粗，所以多食用嫩葉部分，有豐富的葉綠素、維生素A、C、菸鹼酸、鈣、磷、鐵及纖維質，多吃能清掃腸道、幫助新陳代謝。地瓜是零膽固醇的食物，不但熱量低於白米，還有豐富的膳食纖維、維生素C、鉀及抗氧化物質，從前是「窮人的食糧」，現在可是當紅的零缺點健康食品。

輕鬆種地瓜葉：

1・準備一把帶有2～3片葉子的地瓜葉莖。
2・準備一個埋有深約15公分以上培養土的容器。
3・將地瓜葉莖，斜插入土5公分，每間隔20公分多插一根。
4・可多種些插枝，每天澆水保持土壤濕潤。
5・等約30天生長茂盛後，再採收嫩芽食用。

TIPS
地瓜葉需要充分的日照，所以要栽種在陽光充沛的陽台或庭園。

輕鬆種地瓜：

1・將地瓜用水浸濕，放置陰涼處等待發芽。
2・發芽後，用土覆蓋上地瓜，小心不要蓋到綠色的芽。
3・注意陽光、水、肥料的施放，馬鈴薯和地瓜就可以長得很茂盛。
4・等莖、葉的藤蔓茂盛後，再覆蓋整顆地瓜。
5・每天定時澆水及施肥，等土壤莖葉呈現乾枯狀，表示地瓜塊根已經長成。

TIPS
在地瓜浸水發芽的期間，要避免曬到太陽，才能讓地瓜快快發芽。

炸地瓜葉肉醬餅

直接將整片地瓜葉酥炸，
彷彿像圈住一整片菜園。

|材料|
地瓜葉20片、市售罐頭肉醬1罐、豆腐渣200克、麵糊適量（中筋麵粉50克、水適量）

|調味料|
起司粉少許、辣椒粉少許

|做法|
1・將罐頭肉醬加入豆腐渣攪拌成餡。
2・用兩片洗淨、去根莖的地瓜葉，夾住肉醬豆腐餡。表面裹上均勻的麵糊，入油鍋炸至金黃色。
3・最後撒上起司粉和辣椒粉即可上桌。

小朋友最愛吃

TIPS

豆腐渣是搾豆漿或製作黃豆製品時，保留下來的殘渣，因為口感不及豆腐鮮嫩，所以店家通常不會拿出來販售。但它可是含有鈣質、蛋白質及纖維質的營養食品，可以在自己搾豆漿時，留下豆渣冷藏保存，或是跟傳統市場的豆腐攤、豆腐店相約購買。

Sweet Potato Leaves & Sweet Potato

TIPS

想保持地瓜葉的鮮嫩，汆燙的時間要精準掌握，當水煮沸後，將地瓜葉燙個1～2分鐘，就必需撈起、瀝乾，才不會讓地瓜葉變老。

Sweet Potato Leaves & Sweet Potato

蒜泥地瓜葉

味蕾被滿口的蔬菜香滋潤了，
身心也被濃濃的田園氣息包圍了。

|材料|
地瓜葉300克、油蔥酥15克

|調味料|
蠔油2小匙、糖1小匙、味精1/2小匙、香油1小匙、蒜泥30克、水3小匙

|做法|
1・地瓜葉洗淨、切小段，汆燙後瀝乾水份。
2・將所有調味料用小火熬煮至濃稠，淋在地瓜葉上。
3・盛盤後撒上油蔥酥即成。

破布子炒地瓜葉

|材料|

地瓜葉300克、薑絲少許、香菇絲少許

|調味料|

魚露3小匙、糖1小匙、味精1/2小匙、香油1小匙、破布子5克、鹹冬瓜5克

|做法|

1‧起油鍋爆香薑絲和香菇絲。
2‧加入清洗、切段後的地瓜葉同炒。
3‧再放入所有調味料一起炒勻就可上桌。

Sweet Potato Leaves & Sweet Potato

地瓜葉味噌湯

|材料|

地瓜葉50克、蔥花5克、豆腐1塊、柴魚花3克

|調味料|

味噌25克、糖2小匙、柴魚精1小匙

|做法|

1‧豆腐略為汆燙。
2‧鍋中放入水500c.c.，加入地瓜葉、豆腐和調味料煮開。
3‧起鍋前，撒上柴魚花及蔥花即可。

TIPS

若用小烤箱烤地瓜，最好包裹鋁箔紙烘烤，這樣可以幫助受熱均勻，讓地瓜更容易烤熟。

Sweet Potato Leaves & Sweet Potato

蜜汁烤地瓜

樸實的地瓜遇上香甜的蜂蜜，成就最自然的點心。

|材料|
地瓜2個、黑芝麻少許

|調味料|
蜂蜜3小匙、水30c.c.、醬油1小匙、糖3小匙、白醋少許

|做法|
1・地瓜洗淨去皮，切成不規則的塊狀，放入烤箱烤至鬆軟。
2・用小火將調味料熬煮成蜜汁。
3・將烤好的地瓜淋上蜜汁，並撒上黑芝麻即可。

地瓜飯

白米飯，多了地瓜香，彷彿不預期的邂逅，令人格外驚喜。

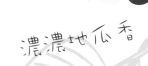

濃濃地瓜香

|材料|
地瓜1條、米4杯、水960c.c.

|調味料|
鹽1小匙、沙拉油少許

1. 地瓜洗淨、去皮，切成約2公分的厚片，先泡水將澱粉質去除。
2. 將米掏洗乾淨，放入電鍋內鍋，外鍋則加4杯水，內鍋加水和所有調味料拌勻，上面鋪上地瓜片。
3. 放入飯鍋煮好後，燜約10～15分鐘即可。

Sweet Potato Leaves & Sweet Potato

T PS

煮飯加些沙拉油，可以讓米飯看起來晶瑩剔透，而且飯粒顆顆明亮完整。

地瓜葉蘋果汁

|材料|
地瓜葉80克、蘋果50克、蜂蜜20克、冷開水
200c.c.

|做法|
1‧地瓜葉洗淨、切小段。
2‧蘋果削皮、切小塊。
3‧將所有材料以果汁機打成汁即可。

TIPS
如果沒有蘋果的
話，也可以加入切
塊後的鳳梨搾汁調
味，味道很香甜、
沒有草腥味。

Sweet Potato Leaves & Sweet Potato

地瓜薑湯

|材料|
地瓜2個、老薑1小塊、水800c.c.

|調味料|
黑糖100克、米酒少許

|做法|
1‧地瓜洗淨去皮，切成不規則的塊狀。
2‧將所有材料及調味料一起加水熬煮。
3‧煮到地瓜鬆軟，熄火滴入米酒即可。

TIPS
加米酒可以讓味道更香，
因為米酒有散發香氣的效
用，如果不喜歡酒味的
話，也可以選擇省略此一
步驟。

地瓜**煎餅**

|材料|

地瓜150克、紫芋地瓜30克、海苔粉少許、麵糊（中筋麵粉50克、水適量）

|做法|

1・將洗淨、切塊後的地瓜和紫芋地瓜切成5x1公分厚的片狀。
2・加入中筋麵粉與水攪成麵糊，將地瓜均勻裹上麵糊。
3・起油鍋，以小火慢煎成餅，最後撒上海苔粉即可。

Sweet Potato Leaves & Sweet Potato

地瓜**酥**

|材料|

(1) 地瓜餡料：地瓜400克、奶油20克、蛋黃20克、鮮奶油30克
(2) 酥皮：中筋麵粉300克、奶油適量、水160c.c.

|調味料|

糖30克、鹽1/2小匙

|做法|

1・地瓜洗淨去皮切片，蒸熟後壓成泥。
2・趁熱加入奶油、蛋黃、鮮奶油和調味料做成地瓜餡，再分成6個份量。
3・將材料(2)混合，使勁的揉約5分鐘做成酥皮。
4・蓋上保鮮膜，放入冰箱醒麵1小時。
5・取適量的酥皮把6個地瓜餡包起來。
6・用熱油把地瓜酥炸至金黃即可。

Chinese Kale
芥蘭菜

香港人最愛的深綠蔬菜

原產於的大陸的芥蘭菜，又叫格藍菜，其葉面寬大、肉質肥厚且呈深綠色，能讓人嘗到紮實的蔬菜口感。除擁有豐富纖維質外，還有維生素C、B$_1$、B$_2$、A、葉綠素及微量的礦物質，有清熱驅燥、促進腸胃蠕動的功效，是香港人十分喜愛的蔬菜，港式吃法是淋點蠔油，享受甘美的芥蘭菜！

輕鬆種芥蘭菜：

1・準備埋好培養土的長方形容器。

2・每隔約5～10公分的間隙，各用筷子搓約1公分的洞，將洞裡放入種籽，並覆蓋土壤。

3・可定期施肥、適度澆水，約45天即可採收較嫩的莖及葉來食用。

4・觸感較粗的莖頭，可再進行澆水施肥，使其長出新菜來。

TIPS

摘採時，可留下有4片葉子的主莖，使其繼續成長。

花枝炒芥蘭 │ 芥蘭提供綠盈盈的草原，
讓雪白花枝在這盤軟葉裡慢舞……

|材料|
花枝100克、芥蘭菜200克、蒜末5克、辣椒圈5克

|調味料|
太白粉水適量
(1) 鹽1小匙、味精1/2小匙、沙茶醬2小匙、糖1½小匙、酒3小匙

|做法|
1．將花枝的薄膜和嘴部去除，用刀切成小塊，肉表面切成花格狀。
2．芥蘭菜洗淨、切段後與花枝一起汆燙。
3．起油鍋爆香蒜末和辣椒圈。
4．放入芥蘭菜、花枝和調味料(1)拌炒，最後加入太白粉水勾芡，
　　等湯汁略為收乾後，即可起鍋。

花枝香脆，
菜鮮美

TIPS
勾芡的方法是先將太白
粉加水，攪勻後倒入鍋
裡，記得調味料要先煮
滾後，再勾芡，煮出的
味道才會均勻。

Chinese Kale

原汁原味

蒜炒芥蘭

是因爲吸收了滿園的陽光，
所以芥蘭用最鮮綠的葉子回報在餐桌上。

|材料|

芥蘭菜400克、蒜片5片

|調味料|

鹽1小匙、雞粉1/2小匙、紹興酒少許

|做法|

1 · 起油鍋，炒香蒜片。

2 · 放入芥蘭菜，加入所有調味料，快炒幾下即可上桌。

Chinese Kale

TIPS

廣東人吃芥蘭菜是不切段、直接快炒
的，因爲他們認爲這樣可以完整的吃
到整株蔬菜的營養，但如果是要料理
給小朋友或老人品嘗時，也可以直接
切段，比較容易咀嚼吞嚥。

TIPS

如果在擺盤或食用時，怕卷類料理脫落，可用牙籤將菜卷固定，吃起來會更便利。

口感豐富

Chinese Kale

金針菇芥蘭卷

芥蘭菜捲起了嫩滑的金針菇、
鮮脆的紅蘿蔔，也捲起了豐富的營養......

|材料|
金針菇200克、芥蘭菜150克、紅蘿蔔條40克

|調味料|
鹽1/3小匙、味精1/2小匙、高湯6小匙、大白粉水適量、香油適量

|做法|
1‧所有材料事先汆燙。
2‧用芥蘭菜葉包入紅蘿蔔和金針菇後擺盤，電鍋外鍋倒入120c.c.的水，內鍋放入芥蘭卷，蒸約2分鐘取出。
3‧將所有調味料拌勻，淋在菜上即成。

臘腸芥蘭燴飯

|材料|

煮熟的米飯適量、香腸1條、蒜碎少許

（1）紅蘿蔔10克、芥蘭菜40克、筍片10克、木耳片10克

|調味料|

醬油1小匙、味精1/2小匙、鹽1/2小匙、高湯1杯、糖2小匙、太白粉適量

|做法|

1 · 香腸蒸熟後切片，材料（1）事先洗淨、汆燙。

2 · 起油鍋，炒香蒜碎，加入所有材料拌炒一下。

3 · 將所有調味料拌勻後，勾芡成汁。

4 · 取碗盛上白飯，將做法2.的材料鋪在白飯上，淋上調味料即成。

C h i n e s e   k a l e

芥蘭牛肉羹

|材料|

芥蘭菜50克、牛肉150克、蛋白1顆

|調味料|

高湯500c.c.、胡椒粉適量

（1）淡色醬油4小匙、糖11/2小匙、鹽1/2小匙、烏醋1小匙、香油適量

|做法|

1 · 芥蘭菜切段、牛肉切碎後汆燙。

2 · 將高湯放入鍋裡，加入調味料（1）及做法1.煮開，轉小火煮至湯汁略為濃縮。

3 · 最後加入蛋白煮成蛋絲，熄火撒胡椒粉即可食用。

Water Convolvulus
空心菜

全年都能採收

因為生長力極強，所以四季皆能採收，可說是全年不可或缺的國民蔬菜。由於莖部呈空心狀態，所以嘗起來清新爽脆，炒菜、煮湯皆好吃。擁有豐富的的維生素C、B_1、B_2、A、葉綠素及微量的礦物質，算是營養齊全的健康蔬菜，其中的鉀成分，還有降低血壓、促進脂肪代謝的效果，據說是能讓人愈吃愈瘦的食物喔！

空心菜

1 · 買一把帶有2～3片葉子的6～8公分空心菜葉莖。
2 · 準備一個埋有深約15公分以上培養土的容器。
3 · 將空心菜莖，斜插入土壤裡5公分，每間隔10公分的土壤再插一根葉莖。
4 · 每天早晚澆水保持土壤濕潤、每兩週施肥一次。
5 · 等約30天生長茂盛後，再採收莖葉食用。

TIPS

空心菜需要日照充足，所以要栽種在陽光充沛的地方。

沙茶空心菜

沙茶醬拌著香脆空心菜的濃郁芳香，
不就是夜市裡，那最令人難忘的古早味.....

|材料|
空心菜400克、辣椒10克、蒜末10克

|調味料|
沙茶醬2小匙、糖1小匙、鹽1/2小匙、酒少許

|做法|
1‧空心菜洗淨切段、辣椒洗淨切成圈。
2‧起油鍋炒香蒜末、辣椒。
3‧加入空心菜拌炒，再加進所有調味料炒勻就完成了。

微辣口感，很下飯

TIPS
空心菜若事先用熱水汆
燙至稍熟，再入油鍋快
速拌炒起鍋，菜葉比較
不容易變色喔。

Water Convolvulus

中菜西吃，
年輕人最愛

空心菜培根卷

培根掩蓋不了空心菜濃濃的田野香，
還有等待菜苗長大時的殷殷思念……

|材料|
市售培根片200克（約8片）、空心菜160克（約4枝）、玉米筍120克（約4根）、蒜片10克

|調味料|
梅林辣醬油1小匙，酒少許

|做法|
1．空心菜和玉米筍事先燙過、冷卻後備用。
2．將培根攤開，包入空心菜和玉米筍捲起，用牙籤串住，放入烤箱烤至培
　　根呈金黃色。
3．起油鍋，將蒜片炸酥後備用。
4．烤至快熟時，淋上所有調味料，並撒上蒜片即可。

Water Convolvulus

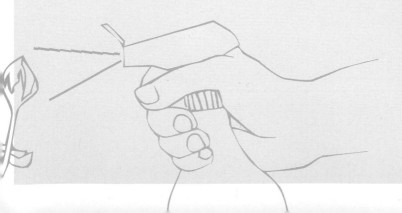

TIPS

怕蒜片太油，可在炸完時，
用廚房紙巾，將蒜片上的油
吸掉一些。

Water Convolvulus

TIPS

肉燥好吃的秘訣，在於絞肉的肥瘦比例為3比7，煮出的肉燥既不會太油，也不會太乾，口感滑潤剛剛好。

豐肥滑潤

肉燥空心菜

誰像肉燥的功用那麼多？可以淋飯、拌麵，還可撒在菜上，成就完美的菜香。

|材料|

空心菜300克、絞肉300克

|調味料|

醬油40c.c.、油蔥酥30克、蒜頭酥30克、冰糖5克、水80c.c.、五香粉適量

|做法|

1・起油鍋，先炒香絞肉。

2・加入所有調味料以小火熬煮15～30分鐘即成肉燥。

3・空心菜洗淨、切段、汆燙後，瀝乾水份置放於盤內。

4・將熬煮好的肉燥，淋在空心菜上即可盛盤。

TIPS

羊肉炒的時間不宜過長，最多以1分鐘為限，才不會讓肉吃起來老老的。

空心菜炒羊肉

|材料|
空心菜150克、羊肉片80克、蒜末5克、辣椒片5克

|調味料|
醬油膏2小匙、甜辣豆瓣醬1小匙、水2小匙、糖1小匙、香油適量、辣油適量

|做法|
1‧羊肉片事先汆燙備用。
2‧起油鍋，爆香蒜末和辣椒片，放入所有調味料拌匀。
3‧再放入洗淨、切段後的空心菜和羊肉片拌炒即可。

W a t e r C o n v o l v u l u s

空心菜小魚湯

|材料|
空心菜150克、薑絲10克、小魚乾5克

|調味料|
鹽1 1/2小匙、柴魚精1/2小匙、米酒1小匙、香油1小匙、豆豉少許

|做法|
1‧將空心菜洗淨、切段備用。
2‧鍋子加水600.c.c.煮開，放進所有的材料及調味料。
3‧水滾後就可上桌了。

TIPS

小魚乾是讓湯味濃稠的關鍵，覺得湯汁太淡，可以多加點小魚乾；如果覺得腥味過重的話，可以多加些薑絲，去除不好的氣味。

Basil
九層塔

滋補強壯的芳香菜

九層塔氣味濃郁特殊，有去味矯臭的功效，所以在中國菜裡，經常用來搭配腥味較重的海鮮拌炒，它能賦予料理令人垂涎的氣息。義大利菜也經常用到跟九層塔屬於同種植物的羅勒，它們味道幾乎相近，可以互相代換。九層塔不只氣味芳香，在中醫上，可以滋補強壯、活血補氣，不過九層塔一定要煮熟食用，才不會有毒物質殘留的問題。

輕鬆種光陰

1・在裝有培養土的育苗盆撒上5、6顆種籽，每天澆水，讓土壤濕潤。
2・待長成2、3株幼苗時，取出5、6枚幼苗移植至較大的長型器皿。
3・移植至長型盆後，每半個月施肥一次。
4・九層塔莖容易傾倒，可適時施以竹枝固定。
5・每天澆水，待50天生長茂盛後，可摘採嫩枝嫩葉來食用。

TIPS

九層塔需要充足的日光，才能長得又大又濃綠。摘採時由枝條頂部往下摘採，留下部分葉量，可促進新枝葉成長。

三杯蛤蜊

今晚興致盎然，下盤三杯蛤蜊，裝杯生啤酒，
週末夜晚就這麼悠哉過！

|材料|
蛤蜊300克、九層塔10克、薑片5克、辣椒片5克、蒜片5克

|調味料|
醬油1小匙、麻油2小匙、米酒15克、蠔油2小匙、糖3小匙、辣油適量、香油適量

|做法|
1・鍋中倒入800c.c.的沙拉油，加熱至160度（溫油狀態），把蛤蜊泡在油中讓每一顆蛤蜊全開，撈出備用。
2・麻油炒香薑片、辣椒片及蒜片，加入調味料，炒至湯汁收至略乾。
3・放入蛤蜊和洗淨後的九層塔再拌炒一下即可。

香辣開胃

TIPS

溫油是指油溫約160～170
度左右，若將食材放進油
裡，出現一點點小細泡就
屬於溫油狀態，這道菜裡
的蛤蜊要放在溫油裡頭。

Basil

Basil

三杯香茄

好久沒那麼誇張的食慾了！都怪九層塔的香氣騷動味蕾，才讓白飯一碗接一碗。

|材料|

茄子200克、九層塔10克、蒜片5克、辣椒片5克

|調味料|

梅林醬油1小匙、麻油2小匙、米酒15克、醬油膏2小匙、糖4小匙、辣油適量、香油適量

|做法|

1．茄子洗淨後，切菱形長條。

2．起鍋將油煮熱，放入茄子泡熱油煮至表面微焦，撈出備用。

3．麻油炒香辣椒片、蒜片，並加入所有調味料，讓湯汁收至略乾。

4．放入茄子翻炒數下，最後加入九層塔拌炒一下即成。

九層塔蛋餅

 早晨沒食慾耶？就讓蛋餅加點九層塔，讓濃郁的芳草香，提振疲憊的味蕾......

香香鹹鹹好入口

|材料|
九層塔20克、蛋1顆（打成蛋液）、蛋餅皮1張

|調味料|
蒜泥10克、醬油膏20克、辣油少許、香油少許

|做法|
1・九層塔洗淨、切段後，入油鍋炒香。
2・倒入蛋液，趁蛋液半乾時，放入蛋餅皮。
3・將蛋餅捲成蛋卷，並煎成金黃色，斜切後擺盤。
4・所有調味料混和均勻，淋在蛋餅上即可。

Basil

TIPS
要記得先將就九層塔的根、莖拔除，取嫩葉煎蛋，口感才不會硬梆梆。

Basil

蛋香滿盈

九層塔炒鴨蛋

雞蛋的濃香、九層塔的芬芳,
讓不吃飯的小孩也乖乖投降......

|材料|

九層塔40克、鴨蛋2顆(打成蛋液)、油少許

|調味料|

鹽3/4小匙、雞粉1小匙

|做法|

1‧九層塔切段,起油鍋將九層塔炒香。

2‧加入蛋液與調味料拌炒至蛋呈金黃色。

3‧以鍋剷將蛋切成細碎狀即可。

青醬義大利麵

探收新鮮九層塔，讓我為親愛的你，
下廚做一盤愛的義大利麵。

經典口味，
年輕人最愛

|材料|
義大利麵120克、橄欖油適量

|調味料|
青醬汁（九層塔120克、大蒜15克、烤松子仁90克、橄欖油90克、起司粉120克）

1 · 將青醬汁的材料，放進果汁機打成泥。
2 · 取一鍋水等水滾後，放入義大利麵煮約10～15分鐘。
3 · 起油鍋，將醬汁與煮好的麵條略為拌炒後即可盛盤。

Basil

TIPS
如果採用的是市售九層塔
醬（青醬、羅勒醬）來製
作義大利麵，就可以不必
起油鍋，直接將麵燙熟，
拌勻醬汁就能品嘗。

Chinese Kitam
青江菜

可愛營養的湯匙菜

俗稱的湯匙菜，葉柄肥厚，吃起來爽脆多汁，最常
用來炒菜、汆燙，加點清淡的調味料就能凸顯青江
菜清新的的滋味。如果覺得葉片過大，難以咬食
時，可以切碎後食用，口感一樣美味。青江菜除有
維生素A、C及礦物質等營養外，東方醫學認為，它
還有保護眼睛、滋潤肌膚的功效。雖然全年都有生
產，但秋天到冬天是它產量最大的季節，這時品嚐
青江菜，讓人覺得格外清甜美味。

輕鬆種青江菜：
1・準備埋好培養土的長方形容器。
2・每隔約5～10公分的間隙，各搓約1公分的洞，將洞裡放入種籽，
　　並覆蓋土壤。
3・可定期施肥、適度澆水。
4・約30～40天即可全株採收。

TIPS
雖然青江菜需要全株採
收，但通常都是去除根
部，食用莖葉部分。

蠔油青江菜

蠔油點綴在蔬菜裡，就像在熱鬧的田野，
吹到清新的海風……

|材料|
青江菜300克、蒜片5克、蝦米5克、麻油1小匙

|調味料|
蠔油2小匙、糖3小匙、水3小匙、醬油1小匙、香油適量

|做法|
1・取一鍋水，加入鹽及沙拉油，放入青江菜燙熟盛盤備用。
2・用麻油炒香蒜片及蝦米，加入所有調味料一起煮至湯汁濃稠成
　　勾芡狀態
3・待香味溢出後，將蒜片和蝦米撈出丟棄，煮好的醬汁淋在青江
　　菜上即成。

蠔油自己調，
味道更特別。

TIPS
蠔油本身味道就很鮮香
濃腴，所以手邊若沒有
多餘調味料時，可以試
試直接將蠔油淋在青江
菜上，也很好吃。

Chinese Kitam

TIPS
除非是生鮮的黑木耳，一般乾黑木耳都必須事先泡發才能烹調，將其泡冷水至軟化後，再切絲汆燙。

加了鳳梨片，口感更甘甜

Chinese Kitam

木須鳳梨青江菜

青青的蔬菜盤裡，有爽脆的木耳
軟軟的口感裡，出現清脆的漣漪

|材料|
青江菜300克、黑木耳30克、鳳梨片10克、辣椒片5克

|調味料|
鹽1小匙、米酒2小匙、糖2小匙、香油適量

|做法|
1·青江菜剝開、洗淨；黑木耳洗淨、切絲，汆燙備用。
2·起油鍋，將所有材料與調味料一起入鍋拌炒調味即成。

鮮菇燴青江菜

香菇軟、青江脆，淡淡勾芡、餘味繚繞……
今天就做阿嬤最愛的辦桌味！

|材料|
青江菜30克、鮮香菇6朵、薑片5克、辣椒片5克、太白粉水適量

|調味料|
醬油1小匙、糖2小匙、醬油膏2小匙、水4小匙、香油少許

|做法|
1·青江菜剝開、洗淨，香菇洗淨，燙熟備用。
2·起油鍋炒香薑片、辣椒片，並加入所有調味料拌炒。
3·鍋中加入青江菜、香菇，並以太白粉水勾芡至湯汁收縮後濃稠，
　即可起鍋。

香菇提味，
菜味更濃

TIPS
如果採用的是乾香菇
燴青江菜，記得先將
香菇泡水3小時至軟，
才能進行下一個烹調
動作。

Chinese Kitam

51

TIPS

汆燙青菜時,在鍋中加入少許鹽及沙拉油,可使汆燙後的青菜顏色保持翠綠。

Chinese Kitam

滷汁香

香滷青江菜

濃濃的滷汁香、淡淡的蔬菜味,
這就是現在最涮嘴的創意小吃......

|材料|

青江菜300克、辣椒絲10克

|滷汁|

醬油膏2小匙、香油少許、糖2小匙、豆腐乳1/4小匙、水3小匙、月桂葉1片、蕃茄醬少許

|做法|

1‧將青江菜剝開、洗淨後燙熟。

2‧將滷汁材料煮開成汁,淋在青江菜上。

3‧口味重些,可在青江菜擺放辣椒絲,當作裝飾一起食用。

青江菜飯

是青江菜，點綴了雪白的米飯、
豐富了清淡的口感……

每口飯都
香濃滑潤

|材料|
青江菜葉20克、白飯200克、松子5克

|調味料|
鹽1/2小匙、雞粉1/2小匙、雞油11/2小匙、荇菜1小匙

1 · 青江菜剝開、洗淨後切碎。
2 · 起油鍋，將切碎的青江菜放入溫油中浸泡10秒後取出，再放入松子
　　炸30秒後取出。
3 · 將青江菜與白飯、松子及調味料一起拌勻。
4 · 最後撒上松子即成。

Chinese Kitam

TIPS
荇菜是一種大白菜醃製的
醬菜，在傳統市場或醃菜
店較容易找到，加了荇菜
的青江菜飯，口感開胃，
不加也保有清潤滋味。

Pak-choi
小白菜

礦物質最多的蔬菜

小白菜生長期短，是很容易栽培的植物，而且一年四季皆可採收，是全年皆能品嘗的萬用蔬菜。雖然它缺乏綠色蔬菜所含的葉綠素，卻有高含量的維生素C以及超高的鈣質，可以補充身體所需的營養素，常吃能細膚美白、強健骨骼、幫助瘦身；值得一提的是，小白菜的鐵元素也不低，所以是十分適合女性食用的蔬菜。

輕鬆種小白菜：

1．準備裝好砂質培養土的長方形器皿，放置於陽光明亮之處。

2．用撒播方式來栽種小白菜。

3．撒播時不宜過於集中，需有間隔的播撒，以免養分吸收不均。

4．用紗網蓋住器皿，以防止病蟲害。

5．早晚各澆水一次。

6．當小白菜長到10公分左右，就可全株採收去根，採集可食用的莖葉。

TIPS

由於小白菜的幼苗較脆弱，所以澆水時務必使用出水輕柔的澆水器。

開陽**小白菜** | 鹹鹹的蝦米帶出白菜的清香，
媽媽的拿手菜、經典的老味道！

|材料|
小白菜300克、蝦米5克、蒜片5克、香油少許

|調味料|
鹽1/2小匙、米酒少許

|做法|
1・小白菜洗淨、切段，和蝦米事先燙熟
2・起油鍋，爆香蒜片後加入小白菜和蝦米。
3・加入鹽和米酒，起鍋前淋上香油即可。

懷念的老滋味

TIPS
加入1小匙的天然
雞精粉，味道更
鮮甜。

Pak-choi

肉丸香濃有彈性

Pak-choi

小白菜燴肉丸

猜猜看?丸子裡有小白菜、紅蘿蔔、
香菇片,還有什麼營養的蔬菜......

|材料|

絞肉250克、香菇片10克、荸薺10克、蔥花5克、薑末5克、小白菜100克、紅蘿蔔片
10克、油適量

|調味料|

(1)鹽1/3小匙、醬油1小匙、香油少許、胡椒粉少許
(2)水240c.c.、醬油4小匙、冰糖3小匙

|做法|

1‧絞肉剁細,加入荸薺、蔥花、薑末和調味料(1)攪拌至肉糰變有彈性。
2‧將絞肉餡揉捏成數顆小丸子,用約180度的熱油炸熟。
3‧另起油鍋,將洗淨、切段後的小白菜、紅蘿蔔、香菇略為拌炒,加入炸過
的丸子及調味料(2)一起煮至湯汁濃縮成勾芡狀,即可盛盤。

糖醋小白菜

是什麼征服挑食的小朋友？
是酸甜的糖醋和從陽光摘下來的清甜小白菜！

酸酸甜甜、
口感濃郁

|材料|
小白菜300克
（1）蒜片5克、紅甜椒片10克、青椒片10克、去籽脆梅肉5克。

|調味料|
糖4小匙、醋3小匙、蕃茄醬1小匙、水2小匙、香油少許

|做法|
1．小白菜洗淨、切段，燙熟後，瀝乾水份。
2．另起油鍋，將材料（1）略炒後，加入所有調味料。
3．煮至濃縮如勾芡般淋在小白菜上即可。

Pak-choi

TIPS

糖醋醬汁裡的醋可用
一般釀造白醋或陳年
醋，白醋可讓青菜顏
色較漂亮，陳年醋則
讓口感較馥郁。

TIPS

要讓小白菜餃子煮熟的訣竅有兩種，一是第一次水滾後再加一次滾水，讓水餃內餡煮透；第二是等水滾後，蓋鍋蓋再悶煮一回，就不會吃到餡料忽冷忽熱的餃子了。

令人驚奇的甘美肉餡

Pak-choi

小白菜餃子

餃子有什麼好稀奇的？小白菜餡浸出的滿口菜汁，香香甜甜的就讓人驚豔。

|材料|

小白菜120克、絞肉180克、紅蘿蔔30克、蔥花5克、薑末5克、水餃皮15張

|調味料|

鹽1/3小匙、味精1/2小匙、糖1小匙、醬油1小匙、香油少許、胡椒粉少許

|做法|

1．將小白菜洗淨、切碎、加點鹽，使其出水後，將水份濾掉。

2．紅蘿蔔切碎、絞肉剁細與白菜碎一起攪拌至有黏性。再放入蔥花、薑末和所有調味料攪拌均勻，做成餡料。

3．水餃皮包入內餡，沾少許水在餃子皮邊緣封口。

4．鍋中加水燒開，放入餃子，待餃子浮在熱水上，煮熟後即可上桌。

鮮蔬炒麵

蔬菜交織在黃色的麵條裡，
點綴出聖誕樹般繽紛的口感。

|材料|

油麵200克、蛋1顆（打成蛋液）、鮮蔬(小白菜30克、紅蘿蔔絲5克、香菇絲5克、筍絲5克)

|調味料|

油蔥酥少許、香油少許、烏醋少許

（1）淡色醬油2小匙、醬油1小匙、雞粉1/2小匙、胡椒粉適量、水1/2杯

|做法|

1・將鮮蔬事先洗淨、切段，汆燙備用。

2・起油鍋，將蛋炒散，加入調味料（1）一起拌炒。

3・放入油麵和鮮蔬，讓湯汁收縮至略乾。

4・最後起鍋裝盤，將麵淋上烏醋、香油和油蔥酥即成。

多種配料交織，
麵條口感豐富

Ocimum Basilicum

TIPS

在步驟3若能加鍋蓋略燜2分鐘，可讓麵條盡收湯汁，味道更均勻，但小白菜要在鍋蓋打開後，再加入拌炒，才不會失去鮮翠風味。

Long Pepper
辣椒

促進食慾的美麗蔬菜

辣椒雖屬蔬菜，卻因為擁有濃郁的辣味，所以經常用來當作香辛料食用，只要在料理裡加入一點辣椒，就能讓菜餚口感更鮮明多層次。辣椒含有促進新陳代謝的辣椒素，以及超高含量的維生素C及維生素A，可以促進食慾、幫助發汗，消除水腫，也有自古就流傳至今的殺菌驅蟲功效。辣椒不僅是大家愛栽種的蔬菜，因為色彩鮮豔，還是點綴陽台風景的美麗植物。

輕鬆種辣椒：
1・在裝有培養土的容器上撒上辣椒的種籽，
2・每天澆水，讓土壤濕潤。
3・待辣椒發育至幼苗時，可設支柱幫助辣椒成長。
4・辣椒需要肥沃的土壤，所以需按月施加有機肥。
5・約60～80天後，辣椒就會陸續結果，每3天即可採收一次。

TIPS
辣椒需要肥沃的土壤，所以要按月施加有機肥。

蒼蠅頭

豆豉圓圓的，和眼睛很像；
碎肉辣辣的，和食慾不振的胃很合。

|材料|

皮蛋1個、絞肉100克
（1）辣椒10克（切段）、韭菜花碎200克、蒜碎5克

|調味料|

鹽1小匙、糖1小匙、雞粉1/2小匙、香油1小匙、豆豉少許

|做法|

1·皮蛋蒸熟後，切小丁。
2·起油鍋，將絞肉炒熟。
3·放入材料（1）及調味料拌炒，即可起鍋。

香辣過癮，下飯好菜

TIPS

這道菜就是知名的四川菜「蒼蠅頭」，據說豆豉圓圓亮亮的，很像蒼蠅的眼睛。起鍋時，再淋上許香油，可以讓菜餚更亮更香，更有鮮腴滑潤的美味感。

Long Pepper

豆腐滑嫩
醬汁香

辣燒蛋豆腐

外脆內軟的蛋豆腐、濃烈香辣的調味醬，讓味蕾享受口感與滋味兼具的飲食體驗。

|材料|
辣椒10克、雞蛋豆腐2塊、香菜葉數片、蛋黃粉適量

|調味料|
梅林醬油2小匙、糖1小匙、醬油膏1小匙、蕃茄醬少許、辣油少許、水80c.c.

|做法|
1‧雞蛋豆腐切塊，沾蛋黃粉炸熟備用。
2‧辣椒切段，起油鍋，炒香辣椒，加入蛋豆腐和所有調味料一同在鍋中燒。
3‧待湯汁收縮，出菜時撒上香菜葉即成。

Long Pepper

TIPS

蛋豆腐用雞蛋粉炸，味道最細緻，如果沒有雞蛋粉的話，也可以用中筋麵粉來油炸。

佐粥配麵，
最佳拍檔

TIPS
辣椒小魚乾可以根據個
人喜好，加入切碎的蘿
蔔乾（菜脯碎）拌炒，
別有一番風味！

Long Pepper

辣椒小魚乾 ｜ 是太久沒回老家、還是祖母醃的辣椒小魚乾，讓我想起家鄉的味道？

|材料|
小魚乾200克
（1）辣椒30克、蒜碎10克、蒜苗粒20克、豆豉少許

|調味料|
醬油1小匙、糖2小匙、香油少許

|做法|
1‧小魚乾洗淨瀝乾，以180度的熱油炸一下撈出。
2‧另起油鍋，炒香材料（1），放入小魚乾和全部調味料即可。

TIPS

辣椒素麵醬冷卻後，
請放入冰箱冷藏。取
用時，可依喜好加進
煮好的麵條再攪拌均
勻食用。

辣椒素麵醬

|材料|
香菇蒂30克、辣椒30克、素肉燥50克、薑末5克

|調味料|
鹽1/3小匙、糖4小匙、麻油1小匙、豆辦醬3小匙、
水1/2杯

|做法|
1‧香菇蒂與辣椒洗淨切碎。
2‧起油鍋，用小火將香菇蒂慢炸至乾。
3‧用麻油炒香辣椒和薑末，放入香菇蒂、素
　肉燥及所有調味料，煮至辣汁收乾即成。

L　　o　　n　　g　　　　P　　e　　p　　p　　e　　r

剝皮辣椒

|材料|
大紅辣椒300克

|調味料|
淡色醬油80克、糖15克、水1/2杯、紹興酒10克

|做法|
1‧大紅辣椒去頭、去籽，洗淨後吹乾。
2‧將調味料煮開後放涼。
3‧用160～170度左右的溫油，將辣椒過油炸
　一下後迅速撈起，邊沖水邊將外皮剝去。
4‧將辣椒擦乾，加入放涼的調味料醃漬約3天
　即可食用。

TIPS

喜歡濃郁口味的人，可
以將炸辣椒的油（做法
3.），留少許加入醃製
辣椒的調味料裡，味道
會更豐腴。

Egg Plant
茄子

保護血管的好蔬菜！

茄子有長條、肥短及圓潤等品種，最好栽種的是長條狀茄子，其口感輕軟細綿，又富含纖維質、維生素A、B_1、B_2、C、P、鈣、鐵及磷等營養素，纖維素可以吸收油脂、清除血脂；而維生素P，又叫「生物類黃酮」，可以強壯微血管的抵抗力，保護心血管，幫助抗老化，是對身體十分有益的養分。而且茄子生長力強，一年四季都能栽培收穫，是每個季節都能享用的美味蔬菜。

TIPS
常將飛整歪斜的葉子拔掉，可促使茄子多生果實。

栽種剔步：
1．購買茄子菜苗備用。
2．準備一個埋有深約15公分以上培養土的容器。
3．將菜苗，插入土5公分，每間隔50公分多插一根。
4．除常澆水保持土壤濕潤外，需準備枝架來撐扶茄莖。
5．等約60天生長茂盛後，採收接近蒂頭處，且顏色飽滿的果實。

涼拌鮮茄

一碗粥、一盤涼拌鮮茄，就是最健康、
開胃的晚餐。

|材料|
茄子1條、芝麻少許、柴魚花少許

|調味料|
蒜泥1小匙、糖1小匙、香油1小匙、油膏2小匙、水4小匙

|做法|
1．茄子汆燙後，瀝乾水份。
2．所有調味料用小火熬煮成汁，淋在茄子上。
3．最後在上面撒上芝麻和柴魚花即可。

柔軟多汁

TIPS

若想讓茄子料理後的顏
色依然好看，可以在
茄子切開後，趕快泡鹽
水，這樣就可以適當保
持蔬菜的原色。

Egg Plant

TIPS
當茄子的皮變軟變皺，
就表示茄子已經熟透
了，要趕快將茄子取
出，以免烤焦喔。

味噌香滿盈

Egg Plant

味噌烤茄子

茄肉像淡淡的素顏，味噌則似腮紅，
明亮了菜色，也活化了口感。

|材料|
茄子1個、巴西里碎少許、匈牙利紅椒粉少許

|調味料|
味噌醬（味噌40克、味醂10克、糖10克、薑末3克）

|做法|
1 · 茄子切成大片狀，用熱油先炸至表面略焦。
2 · 味噌醬拌勻，將炸好的茄子塗上味噌醬，放入烤箱以200℃烤至上色取出。
3 · 上面撒上巴西里及匈牙利紅椒粉即可。

塔香茄子

彎彎的茄子、芬芳的九層塔及香噴噴的辣椒，
每一口都是田園的滋味！

|材料|
茄子1個、絞肉50克、蒜碎5克、辣椒(切小圈)5克、九層塔適量、香油少許

|調味料|
淡色醬油1小匙、糖2小匙、廣達香肉醬1小匙、辣豆瓣醬1/2小匙

|做法|
1‧茄子切菱形長條塊，用熱油炸至金黃色。
2‧用油炒香絞肉，再放蒜碎、辣椒圈一起拌炒。
3‧放入調味料，將茄子燒至醬汁略為縮乾。
4‧起鍋前加上九層塔拌炒，並淋上香油即成。

加了肉醬，
口感更香濃

Egg Plant

TIPS

茄子是容易氧化變色的蔬菜，
想要保持美麗的紫色，就不
能省略炸茄子的步驟。若怕
攝取太多油份，也可以汆燙後
再炒，效果雖然不及炸茄子有
效，但卻較健康。

外脆內軟
口感好

Egg Plant

茄子**天婦羅** | 麵衣保護茄子的原味，讓炸後的每一口都鮮美。

|材料|
茄子2個、麵糊（低筋麵100克、冰水120c.c.、蛋1顆、玉米粉40 克）

|沾汁|
蘿蔔泥20克、柴魚醬油30克、味醂5克、果糖5克

|做法|
1．茄子切成大片狀。
2．將麵糊材料攪拌均勻。
3．將茄子均勻裹上麵糊，入油鍋炸至金黃色。
4．將沾汁材料攪拌均勻，一起盛盤。

茄子燉飯

新鮮的茄子浴滿陽光，
帶給白米飯爽朗的風味。

|材料|
茄子1條、米3杯、水3杯、蝦米10克

|調味料|
醬油2小匙、糖1小匙、香油1小匙、胡椒粉適量

|做法|
1・茄子切成小片先泡水。
2・將米掏洗乾淨，放入電鍋內鍋，外鍋則加3杯水備用。
3・米裡加入蝦米、茄子、水及所有調味料入電鍋煮熟。
4・煮至開關跳起，再多燜15分鐘即可取出食用。

飯中帶有蔬菜香

Egg Plant

TIPS
用飯匙由下往上將煮好的
飯攪拌均勻，不但可讓調
味料更均勻，也能讓空氣
跑出來，達到讓米飯更鬆
軟好吃的目的。

Potato
馬鈴薯

歐美國家的主食

又稱洋芋,是西方家庭的主食之一。一般人總認為馬鈴薯熱量高,其實那是因為我們習慣將馬鈴薯油炸的緣故,其實它是一種熱量比白米低的食物,只要運用蒸、烤等無油的料理技巧,就不會有發胖的危機喔!馬鈴薯還含有豐富的維生素C、B6、鉀、多酚及菸鹼酸等營養素,如果連皮吃,可以吸收更多纖維質,是一種能幫助穩定血壓、消除自由基的健康類蔬果。

輕鬆種馬鈴薯:

1 · 購買馬鈴薯,置放至冒出綠芽。
2 · 將附著於根部的芽苗,連同莖塊一起切下。
3 · 將切下的綠芽莖塊埋入培養土中,讓綠芽露出。每塊莖與莖間距離約30公分。
4 · 定時澆水及施肥,約90天後,觀察莖葉若成乾枯狀,則是採收的時機。

若有馬鈴薯塊露出,務必用培養土將塊狀部分蓋住,才不會影響馬鈴薯生長的狀況。

培根馬鈴薯泥

香軟的馬鈴薯、鹹鹹的培根片，
星期天的早餐真豐盛！

|材料|
馬鈴薯2個、培根2片、巴西里碎少許、蕃茄碎少許

|調味料|
鹽1小匙、胡椒粉少許、奶油2小匙

|做法|
1.馬鈴薯洗淨去皮切片、蒸熟壓成泥，加入調味料拌勻。
2.培根切小片用油炸酥。
3.馬鈴薯泥挖成球，上面撒上蕃茄碎、培根碎及巴西里碎。
4.放入烤箱烤至上色即可食用。

薯泥味濃，
單吃佐菜都好吃

TIPS
馬鈴薯建議整顆蒸熟後
再搗成泥，因為馬鈴薯
在蒸的過程中會漸漸軟
化，所不必費心再切成
丁狀了。

Potato

清新香甜

馬鈴薯鮮蔬沙拉

輕嘗一口，有雞蛋的鮮軟、有蔬菜的爽脆，
還有鹹鹹的黑橄欖，真開胃！

|材料|
馬鈴薯1個、蘆筍2支、美生菜150克、紫洋蔥1/4個
（1）小蕃茄3～5粒、黑橄欖2粒、水煮蛋1粒（切片）

|百香果醬汁|
市售沙拉醬600克、濃縮百香果汁100克、柳橙汁20克、檸檬汁少許、蜂蜜適量

|做法|
1・馬鈴薯洗淨、煮熟去皮切粒，蘆筍洗淨、燙過後泡冰水備用。
2・美生菜撕片、紫洋蔥切絲一起冰鎮備用。
3・將百香果醬汁的製作材料拌勻成汁。
4・全部材料擺盤後，淋上百香果醬汁即成。

Potato

TIPS

黑橄欖是一種西方食材，在百貨
公司的超級市場及西式食品行比
較容易得到，有整顆及切片兩
種包裝可選擇。如果手邊沒有的
黑橄欖的話，也可以省略不用。

Potato

TIPS

將一片培根切成碎丁，撒在馬鈴薯上一起烘烤，味道更油潤。

奶油烤馬鈴薯

樸素的馬鈴薯肉，遇上濃郁的香料，口感也變得豐腴華麗！

|材料|

馬鈴薯2個

|調味料|

蒜頭碎1小匙、巴西里碎1小匙、起司粉40克、粗黑胡椒粉1小匙、麵包粉40克、奶油20克、橄欖油10克、酒少許

|做法|

1‧馬鈴薯清洗乾淨、煮熟去皮切片。

2‧將所有調味料一起拌勻成塗料。

3‧塗在馬鈴薯片上進烤箱以200度烘烤約20分鐘，讓馬鈴薯烤出顏色即可。

咖哩馬鈴薯

|材料|

馬鈴薯2個、青豆仁10克、炸粉（低筋麵粉30克、咖哩粉5克）

|咖哩醬汁|

咖哩塊1片、水200克、鹽1/2小匙、太白粉水少許

|做法|

1 · 馬鈴薯清洗乾淨、煮熟去皮切塊，沾炸粉炸至金黃色。
2 · 咖哩醬汁調味料，煮至略為濃稠，淋在炸馬鈴薯上。
3 · 青豆仁汆燙後，撒在炸好的馬鈴薯上即可。

P o t a t o

馬鈴薯濃湯

|材料|

馬鈴薯1個、青豆仁10克、紅蘿蔔10克、洋蔥碎100克、麵醬（奶油20克、麵粉20克）

|調味料|

鮮奶油20克
（1）牛奶150克、鹽1小匙、水200c.c.、糖1/2小匙、胡椒粉少許

|做法|

1 · 馬鈴薯洗淨、去皮蒸鬆軟、切塊，加水（需淹過馬鈴薯）用果汁機打成泥。將青豆仁、紅蘿蔔事先汆燙備用。
2 · 奶油加麵粉以小火炒成麵醬。
3 · 另起油鍋將洋蔥炒軟後，加入馬鈴薯泥、青豆仁、紅蘿蔔及麵醬。
4 · 加入調味料（1）煮至濃稠，起鍋時再加入鮮奶油即可。

Cucumber
小黃瓜

美容型蔬菜

最為人熟知的美容型蔬果,因為口感鮮脆,可以生吃,拿來做涼拌菜也很適合。因含有豐富的維生素A、C、B₁、B₂及胡蘿蔔素,可以補充身體所需的養分。因為高量的維他命C,讓小黃瓜成為常見的美膚配方,一般人相信小黃瓜有淨白肌膚、預防斑點的效果。小黃瓜中的丙醇二酸,有將澱粉轉為脂肪的神奇作用,是一種可以讓人不發胖的食物喔。

輕鬆種小黃瓜:

1 · 準備埋好培養土的長方形容器。

2 · 在黃昏時用筷子搓約1公分的洞(每隔約40公分的間隙搓洞)將洞裡埋入黃瓜苗種。

3 · 將土壤補好,成長前1~2日常保土壤及葉子濕潤。

4 · 種植第7天後可施加有機肥,依此類推,每7日施加一次。

5 · 約40天即可從藤蔓中採收成長好的黃瓜了。

TIPS
黃瓜藤蔓長至15公分時,可插細枝,讓黃瓜藤蔓攀爬。

涼拌蒜味黃瓜

食慾不好嗎？吃點盈滿蒜味的小黃瓜開胃，讓疲憊不振的味蕾重新上路！

|材料|
小黃瓜3條、蒜片5片、紅辣椒片5片

|調味料|
鹽1小匙、糖2小匙、香油1小匙、辣油3小匙、白醋2小匙

|做法|
1 · 小黃瓜洗淨去籽，切成拇指條。
2 · 將蒜片、辣椒、小黃瓜和所有調味料一起攪拌，放入冰箱醃製約2～3小時入味即可食用。

鮮脆入味

TIPS
小黃瓜切成薄片，口感雖不比拇指條狀鮮脆，但可縮短醃製時間，醃約15分鐘即可入味。

Cucumber

簡單原味

TIPS

可以依照個人喜好，
加入肉鬆、魚鬆、苜
宿芽等材料，增加口
感的豐富。

Cucumber

海苔黃瓜壽司

香Q的米飯搭配多汁黃瓜，簡單不膩，
今天就帶黃瓜壽司郊遊去！

|材料|
小黃瓜2條、燒海苔4片、壽司飯200克

|做法|
1‧小黃瓜洗淨後，去籽、切成條狀。
2‧海苔鋪平，先放壽司飯，再放小黃瓜捲成壽司。
3‧將壽司斜切盛盤即成。

小黃瓜辣拌雞絲

新鮮愈滴的小黃瓜和香辣的嫩雞絲，
拌勻成意想不到的好味道。

|**材料**|
小黃瓜1條、雞胸肉200克、紫洋蔥20克、辣椒絲5克

|**調味料**|
韓式辣椒醬30克、果糖10克、香油少許、冷開水5c.c.、花椒粉少許、蒜泥5克

|**做法**|
1．小黃瓜洗淨、紫洋蔥剝開、洗淨，切絲泡冰水備用。
2．雞胸肉煮熟後，用手撕成絲。
3．所有調味料攪拌均勻。
4．盤中放入黃瓜、洋蔥，淋上調味料，放上雞絲和辣椒絲即可。

香辣好配飯

Cucumber

TIPS

雞肉最好趁熱用手撕，肉質會比較嫩，待冷掉以後，不但比較難撕，肉質也會變硬。

TIPS

花枝不需汆燙過久，當花枝捲起，肉色轉白，就可撈出了，這時可沖冰水片刻，防止花枝過老，並增加爽脆口感。

花枝黃瓜都鮮脆

Cucumber

花枝炒黃瓜

剛摘下的小黃瓜、剛捕獲的活花枝，滿載一盤新鮮的滋味！

|材料|

小黃瓜2條、花枝1條

（1）筍片10克、香菇片10克、紅椒片10克、蒜片少許

|調味料|

醬油1小匙、香油少許、糖2小匙、辣油少許、胡椒粉少許、烏醋2小匙、米酒1小匙、大白粉適量

|做法|

1‧小黃瓜洗淨後，切菱形塊；花枝切菱形格子花。

2‧除蒜片外，將所有材料汆燙過。

3‧起油鍋，炒香蒜片，放入所有調味料，再放入材料（1）後勾芡。

小黃瓜排骨湯

淡雅的黃瓜汁，煮進甘美的湯頭裡，熱熱的喝、咕嚕咕嚕的，滿滿都是好味道。

清香芳美

|材料|
小黃瓜2條、小腩排100克、薑片10克、紅蘿蔔片10克

|調味料|
鹽1/2小匙、柴魚精1小匙、高湯500c.c.、米酒1小匙、香油適量

|做法|
1. 小黃瓜洗淨，切成長條狀。腩排剁成塊狀。
2. 將小黃瓜、腩排和紅蘿蔔氽燙後備用。
3. 鍋中加高湯煮開，放入薑片及全部材料，並加入所有調味料煮
   10分鐘至材料入味即成。

Cucumber

TIPS

小腩排就是豬小排，烹
調前要事先氽燙過，因
為氽燙可以去除肉塊的
血水、雜質，讓煮出的
湯頭沒有腥味更好喝。

Silk Squash
絲瓜

多用途蔬菜

俗稱菜瓜，是一種多用途的蔬菜，不但可以拿來做好菜，纖維粗的絲瓜，還是清潔工具「菜瓜布」的原料，同時也是能潤澤、舒緩肌膚的「絲瓜水」來源。食用上，它有蛋白質、菸鹼酸、維生素A、B₁、B₂、C及微量礦物質，是一種常吃能潤膚美顏的植物。在中醫的觀點裡，絲瓜則是治療口乾舌燥、牙齦腫脹的退火蔬果。

輕鬆種絲瓜：

1．採用幼苗栽培，請先準備一個備有栽培土的容器。
2．絲瓜需在黃昏時栽培，在栽培土上挖約5公分深的洞，植入幼苗後補好土壤。每株間距約100公分。
3．瓜類成長前1～2日要定時澆水，常保土壤及葉子濕潤。
4．絲瓜成長至藤蔓約15公分時，可施加有機肥。
5．絲瓜藤蔓長至15公分時，可插細枝，讓藤蔓攀爬。約90天即可從藤蔓中採收成長好的絲瓜。

TIPS

初種絲瓜時，可蓋上不透光的大葉子，防止日曬，等3天後再掀開。

五味脆絲瓜

啤酒準備好，看我三兩下簡單作，
最正港的五味絲瓜上桌了！

|材料|
絲瓜2條

|五味醬|
薑末10克、果糖2小匙、蒜泥10克、蕃茄醬2小匙、蔥花15克、烏醋1小匙、香菜5克、
香油少許、辣椒末10克、油膏4小匙

|做法|
1·絲瓜洗淨、去皮、去除瓜裡的白內肉。
2·切成絲的絲瓜汆燙後備用。
3·將五味醬的材料攪拌均勻，淋在絲瓜上即成。

涼拌吃最新鮮

TIPS
摘下來的絲瓜，最好在
2天內吃完，剩餘的絲
瓜，請留綠色外皮做保
護，在下鍋前削皮，口
感比較新鮮。

Silk Squash

TIPS
炸蛋酥不失敗的方法，是將蛋汁緩慢且分次地倒入鍋中，油溫不要過高，炸成金黃後，瀝乾油份即可。

絲瓜清甜、
蛋酥脆

Silk Squash

蝦米炒絲瓜 | 只用蝦米，引出絲瓜最自然的甘甜！

|材料|

絲瓜1條、蝦米5克、蒜片2克、蔥花5克、蛋1顆

|調味料|

鹽1小匙、酒少許、雞粉1/2小匙、香油少許、大白粉適量

|做法|

1．絲瓜洗淨，切成菱形塊狀。蛋打散，用油將蛋炸成酥脆的口感（蛋酥）。

2．絲瓜加蝦米事先汆燙。

3．起油鍋，爆香蒜片，加入蝦米、蔥花及絲瓜拌炒。

4．加入所有調味料，將絲瓜煮至湯汁濃縮至勾芡，放上蛋酥即可上桌。

味噌燴絲瓜

絲瓜吸滿了味噌醬汁，
每一次入口都是濃郁的香氣！

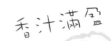

香汁滿盈

|材料|

絲瓜1條、辣椒片5克、蒜末5克

|調味料|

味噌3小匙、豆腐乳1小匙、水1杯、糖1 1/2小匙、米酒少許

|做法|

1・絲瓜洗淨、去皮，切成長條狀，汆燙後備用。

2・起油鍋爆香蒜末和辣椒。放入絲瓜與調味料同燒，待絲瓜變軟即可
盛盤。

Silk Squash

TIPS

為了不讓絲瓜變
黑，烹煮絲瓜時，
不要大力翻動絲
瓜，這樣絲瓜就不
易氧化變色了。

TIPS
烤盤記得鋪上錫箔紙，再刷上奶油，取出和清理時，會比較方便！

Silk Squash

奶油烤絲瓜 | 調味簡單卻很入味，那是因為陽光、原野的調味。

|材料|
絲瓜1條、蒜片5片、巴西里末少許

|調味料|
奶油1小塊、鹽適量

|做法|
1・絲瓜洗淨、去皮切長條，蒜片用油炸酥。
2・烤盤上鋪上絲瓜。塗奶油、撒上鹽及蒜片，烤3～5分鐘。
3・盛盤後撒上巴西里末，可裝飾小奶油塊及香菜。

蛤蜊絲瓜湯 口感清清淡淡，
滋味長長久久。

|材料|

蛤蜊12粒、絲瓜1/4條、梅素麵1把（加入梅子口味的日式麵線，類似台灣麵線）、
蒜苗絲5克、老薑絲5克

|調味料|

鹽1小匙、柴魚精1/2 小匙、米酒1小匙、香油少許

|做法|

1・絲瓜去皮切絲，梅素麵事先汆燙過。
2・起油鍋，炒香老薑絲，再加水500c.c.，並放入蛤蜊、絲瓜、梅素麵和調味料。
3・等到蛤蜊全開後，加入蒜苗絲即可起鍋。

鮮美好喝

Silk Squash

TIPS

想讓絲瓜的味道更清
甜，可以蓋上鍋蓋用
小火悶煮約5分鐘後，
讓絲瓜自然釋放出甘
美滋味。

Tomato
蕃茄

最健康的蔬果！

一直都被當成抗癌蔬果的蕃茄，擁有許多傲人的營養素，除了含量豐富、能抗氧化的茄紅素，也含有保護眼睛的胡蘿蔔素，和維生素A、B1、B2、C、E以及礦物質，能幫助延緩老化、降低血壓、防癌抗病，可說是益處多多的水果。而獨有的氣味，更是東西方烹調料理常用的調味蔬果，能帶給菜餚濃郁酸香的口感。蕃茄一年四季都可栽培，但秋天到隔年春天蕃茄長得特別旺盛，也許因為氣候暖呼呼的關係，讓此時的蕃茄口感特別好！

輕鬆種蕃茄：
1・採用幼苗栽種。準備好備有栽培土之容器。
2・挖洞埋下幼苗，並用土壤覆蓋好。間隔約60分的距離埋一株幼苗。
3・當蕃茄莖長至70公分時，可搭設支架，讓藤蔓依附攀爬。
4・除定期澆水外，也需施放有機肥讓蕃茄生長更旺盛。
5・約50天～60天，長出的蕃茄果實變紅、肉質飽滿，即可從果蒂上1公分處剪下。

TIPS
蕃茄喜歡陽光充沛的氣候，但氣溫太高時，還是建議架設紗網，保護果實成長。

涼拌醋蕃茄

酸酸甜甜、果香四溢，
這是女生愛的好味道！

|材料|
蕃茄2個、刈薯1粒

|調味料|
梅子醋30克、奧利岡碎少許、橄欖油5克、洋蔥碎少許、果糖1小匙、檸檬汁少許、
話梅1粒、黑胡椒粉少許

|做法|
1·刈薯洗淨、去皮切片，蕃茄洗淨、切片。
2·先將蕃茄疊在刈薯上。
3·將所有調味料攪拌均勻淋上即成。

酸甜開胃

TIPS
將話梅的籽取出，
切成細碎狀，可以
讓醬汁的味道更均
勻美味。

Tomato

口感豐富、
肉汁滿盈

蕃茄絞肉盅

一口咬下，香汁滿盈，
每一口都是被陽光孕育的蕃茄滋味。

|材料|

蕃茄4個、豬絞肉300克、蒜末15克、洋蔥碎60克、起司絲適量

|調味料|

鹽2小匙、黑胡椒粒少許、糖1小匙、醬油1小匙

|做法|

1．起油鍋，將絞肉、蒜末和洋蔥碎，加調味料拌炒一下備用。
2．蕃茄洗淨，從頭部2/5處切開，挖籽做成一個空心的蕃茄。
3．將做法1．的料，填入蕃茄內，上面撒上起司絲。
4．放入烤箱烤約10分鐘即成。

Tomato

TIPS

因為絞肉已經事先炒熟了。所
以不必擔心烤不熟，只要看蕃
茄上的起司烤到金黃色，即可
取出品嘗。

Tomato

起司濃郁
蕃茄香

起司烤蕃茄

起司的香濃與蕃茄的酸甜
混合出甘美的口感！

|材料|
蕃茄2個

|調味料|
帕美森起司片1包、黃金蕃茄乾少許、黑橄欖少許

|做法|
1‧蕃茄洗淨、切10公分片狀，黃金蕃茄乾洗淨、切碎，黑橄欖切圈。
2‧蕃茄上放上起司片，撒上黃金蕃茄碎和黑橄欖。
3‧放入烤箱，烤至起司半融即可取出。

蕃茄肉醬義大利麵

|材料|
豬絞肉1斤、義大利麵120克
（1）去皮去籽的蕃茄碎50克、鮮蕃茄碎20克、蒜末25克、洋蔥碎40克、紅蔥頭末10克、蕃茄糊100克

|調味料|
蕃茄醬10克、黑胡粒少許、義大利綜合香料少許、糖適量、月桂葉1片、鹽適量、鮮奶油適量、百里香少許、奧力岡少許

|做法|
1.起油鍋，先炒熟絞肉。再加入材料（1）炒香。
2.加入所有調味料煮滾後，以小火熬約30分鐘。
3.義大利麵燙15分鐘約至熟透後，撈出放在盤子上，淋上肉醬，即可食用。

T　　o　　m　　a　　t　　o

蕃茄蔬菜湯

|材料|
蕃茄1個、芹菜2支、青江菜4顆、洋蔥50克、紅蘿蔔20克、高麗菜50克

|調味料|
鹽1 1/2小匙、雞粉1/2小匙、高湯500c.c.

|做法|
1.將所有材料洗淨。
2.蕃茄洗淨切塊、青江菜洗淨對切、洋蔥及紅蘿蔔切絲、高麗菜切條、芹菜切段備用。
3.高湯煮滾後，放入所有材料及調味料轉小火，略煮一下即可起鍋。

Mint
薄荷

芳香四溢的花草

薄荷不但是具有觀賞價值的庭園植物，也是蘊含清涼香氣的獨特食材。薄荷本身並沒有特殊的營養成分，它主要的神奇功效在於讓人心曠神怡的涼爽氣息，有放鬆壓力、舒緩心情的的功效。新鮮薄荷的料理方式很多，可以泡茶、做醬汁、調味菜餚，也可以直接拔新鮮薄荷咀嚼，當改善口氣的口香糖用。春天到夏季的薄荷長得特別好，這時候享受口感清涼的薄荷冰砂，剛好撫平春夏之交的躁鬱。

輕鬆種蕃茄：
1・準備好備有栽培土之容器。
2・將幼苗埋在泥土中，並確實埋好，壓實土壤。
3・每天澆水1～2次。
4・約14天薄荷即會漸漸長成，此時，摘下輕輕採收薄荷葉，讓根莖繼續成長即可。

TIPS
薄荷雖然生長力強，但仍須吸取陽光，適合半日照的環境。

薄荷拌雞絲

綠葉襯雞絲，美麗有了、
味道也兼顧了。

|材料|
雞胸肉300克
（1）薄荷葉5片、洋蔥50克、紅甜椒絲20克、黃甜椒絲20克

|調味料|
泰式甜辣醬30克、泰式辣椒醬10克、花椒粉少許、香油少許、油膏5小匙

|做法|
1 · 雞胸肉去皮，煮熟撕成絲，和材料（1）一起拌勻。
2 · 全部調味料攪拌均勻。
3 · 淋在做法1·上即可食用。

辣中帶香

TIPS
將薄荷拌雞絲放
入冰箱冷藏，冰
冰涼涼的吃，口
感更好。

Mint

口感豐富、
肉汁滿盈

薄荷醬佐羊排

是受土壤滋潤的薄荷香氣，
為羊排帶來清新的口感！

|材料|
羊排6隻 、薄荷20片、麵漿（中筋麵粉50克、水適量）

|調味料|
（1）醃料（市售蔬果汁適量、黑胡椒粒1小匙、糖1小匙、鹽1小匙、酒1小匙）
（2）鹽1/4小匙、糖1/2小匙、白胡粉適量、奶油適量、牛奶100克

|做法|
1・調味料（1）拌勻做成醃料，將羊排放入醃料裡醃一天。
2・薄荷加100c.c.水用果汁機打成汁，過濾掉雜質。
3・薄荷汁放入鍋中用小火煮，加入調味料（2），以麵漿調整濃稠度，即成
　　薄荷醬。
4・羊小排用烤箱烤約7、8分熟。
5・擺盤時，將薄荷醬淋在羊排上即可。

Mint

TIPS

薄荷汁裡的水，可改成高湯，
讓醬汁的味道更香醇。

TIPS

在茶凍上裝飾1枚薄荷葉，可以讓茶凍看起來更好吃。

滑嫩Q軟

Mint

清涼**綠茶凍**

薄荷的清香，化解燥鬱的壓力、
滑潤的果凍，柔軟緊繃的心情。

|材料|

綠茶500c.c.、薄荷1小葉、水500c.c.

|調味料|

糖100克、果凍粉20克、鮮奶油1球

|做法|

1・將綠茶、糖、果凍粉和水500c.c.放入鍋中以小火邊煮邊攪拌均勻。

2・耐熱杯中放進薄荷葉，等到做法1・煮至融化時，倒入耐熱杯。

3・凝結後倒扣出，淋上鮮奶油即可。

TIPS

綠茶需濃郁，打出的
冰砂，才不會單薄沒
茶味。可用綠茶茶包
沖泡，燜約3分鐘，
讓茶葉充分進入滾水
中，待涼再打汁。

薄荷冰沙

|材料|

綠茶450c.c.、果糖40克、市售原味優格1罐、鮮薄
荷數片、鮮奶油20克、冰塊適量

|做法|

將所有材料丟進果汁機，打成冰沙，倒出裝杯
即可。

M   i   n   t

薄荷養生茶

|材料|

薄荷1小葉

|調味料|

黃耆3克、小茴香1小匙

|做法|

1．將所有材料洗淨。
2．用500c.c.滾水將材料與調味料沖泡即可。

TIPS

如果沒有中藥材的外，
也可以直接用洗淨的薄
荷葉3～4片加紅茶包泡
滾水，也是另一種風味
的薄荷紅茶。

蔬菜簡單種

{ **7種工具，種菜超簡單**
種菜工具很容易買得到，在大型賣場的園
藝區、街坊的園藝店、生活雜貨用品店、
五金行或是各地花市都可以輕易購得。 }

1

種菜容器

塑膠盆器、木箱及
保利龍盒等都很適
合用來種菜，如果
想節省經費的話，
也可以運用回收的
牛奶盒、紙盒及保
利龍盒等，只要記
得打些孔，讓容器
可以排水即可。

2

小鏟子

有鏟勻土壤、鬆動
土壤及拌勻土壤等
功能，是種菜最常
用到的工具之一，
如果耕種的面積不
大，還可以用來代
替圓撬及鋤頭。

3

澆菜壺或噴水壺

成長中的蔬果時時
需要水分，澆菜壺
的灑水、噴水功
能，能幫助蔬果健
康成長。

紗網

紗網可以用來驅
趕蟲子，隔絕病
蟲害，讓蔬菜不
用農藥，或少用
一些農藥。

4

5

培養土

野地的土壤成分不明，很容易種出品質不佳或容易惹蟲害的蔬菜，可以購滿經過發酵、內含養分，且乾淨無污染的市售培養土，購買時，請仔細閱讀標籤或詢問店老闆。

種籽和菜苗

種籽在一般的園藝店或大賣場都買得到，但記得要購買新鮮的菜籽，超過半年的種籽不易發芽。最保險的方式是到市民農園、種籽店或農會購買，買到的種籽較新鮮。菜的幼苗則在園藝店、花市、農業育苗園或傳統市場看得到。

6

7

肥料

其實培養土裡就含有肥料，但如果想讓蔬果長得更肥美，可以再施用適度的肥料。建議用有機肥料，種出的蔬菜對身體較好。碎果皮、茶葉渣、落葉枯枝都是家裡隨手可得的有機肥料。

{最輕鬆的3種蔬菜栽培法}

蔬菜栽培其實很簡單，只要利用一點時間，在陽台或庭院的一小角挖土、澆水，就能創造屬於自己的綠意菜園，即使沒有多餘庭園空間，也能利書桌或辦公桌前的簡便罐頭蔬菜培育法，隨時隨地輕鬆種菜、簡簡單單便宜吃！

1

【辦公室適用】零失敗率的現成罐頭芽菜栽培法

STEP1：依說明書將種籽平鋪在容器上。

STEP2：依說明書天天澆水。

STEP3：約7日～10日即可採收

Tip：市售的蔬菜種植罐頭常見的有苜宿芽、蘿蔔嬰、蕃茄、青花菜、大苜蓿等。

2

【陽台、庭院適用】最簡單的苗種種菜法

STEP1：將種菜容器底部鑽數個孔，以利排水。

STEP2：把培養土和有機肥混合均勻，放入種菜容器裡。

STEP3：市售菜苗通常以黑色軟盆盛裝，所以買回的現成菜苗，需移到大容器。先用小鏟子將菜苗輕輕移往家裡的種菜容器，用手稍稍將泥土壓緊。

STEP4：除了在苗的周圍澆水外，也要在各部分土壤澆水，讓土壤均勻吸收水分，

STEP5：除每天澆水時，也可在根部四周挖小洞，約每10～15天的間隔，在小洞中施肥一次。

Tip：苗種種菜法適合絲瓜、九層塔、辣椒、茄子等。

3

【陽台、庭院適用】進階版的撒苗種菜法

STEP1：準備埋好培養土的長方形容器。

STEP2：每隔約5～10公分的間隙，用筷子將培養土各搓約1公分的洞，

STEP3：將洞裡放入種籽，並覆蓋土壤。

STEP4：可定期施肥（將肥料埋入土壤裡）及適度澆水。

STEP5：依照蔬菜成長的不同時間，進行採收工作即可。

Tip：撒苗種菜法適合各類芽菜、小白菜、青江菜、菠菜、芹菜等。

種菜Q&A解答室
12個網路點閱率
最高的種菜問題大解惑

第一次種菜的你，是否對「在家種菜」這件事充滿疑惑：擔心種菜超麻煩、蔬菜長不大……，我們蒐集網路最常被問到的種菜問題12種，解除你心中的疑惑，讓你安心快樂的自己種菜自己吃。

保力龍盒就是便宜又好用的栽種器具。

Q1：自己種菜的花費會比在外面買菜便宜嗎？

A1：種菜可能必須先支出器具、種籽或菜苗的錢，不過這些器具的花費不僅不多（約100元～200元就能解決），也是種菜的基本投資，若能持續經營小菜園，就會發現自己種菜真的可以省下不少荷包錢。

這裡，教你一個省錢小撇步，種菜容具可利用不要的保利龍盒或是廢棄的牛奶盒；買菜時可以順便留下幾根完整新鮮的菜葉當菜苗，至於澆水器也可以用保特瓶自行鑽洞製作，或是到39元商店購買喔。

Q2：自己種的菜真的可以烹調嗎？

A2：只要耕種時，使用的是乾淨且種菜專用的有機培養土，就不用擔心蔬菜種了卻不能料理的問題，而自己種的菜，因為不加化學肥料，也沒有連鎖污染，所以絕對會比市面上的蔬菜健康喔。

不過，採收蔬菜時，記得還是要仔細將菜葉沖洗乾淨，別將泥土、灰塵吃進肚子裡了。

Q3：種菜土壤可以到野地去挖嗎？

A3：絕對不要輕易嘗試到野地挖土喔，一來可能有觸法的危險，二來因為我們對野地的土壤不熟，所以非常有可能挖到被污染或不乾淨的土壤。最好的方式是到農會、園藝店或花市購買有機包裝土，有品牌保證，種起來會比較安心自在呢！

Q4：要到哪裡去購買種菜器具啊？

A4：在一般園藝店、花市、五金行及量販店都有購買。種菜器具沒有使用期限的問題，但種籽跟菜苗務必購買新鮮的，可以在花市或園藝店購買，較安心喔！

澆水器是種菜的必備工具之一。

Q5：為何我的菜長不大？

A5：蔬菜無法順利成長的原因很多，最常見的原因是1.陽光不夠充沛、2.肥料施放過多或太少、3.水分補充不足、4.種籽不夠新鮮。建議你觀察蔬菜的成長環境，找出真正的原因。

Q6：農藥、肥料能自己製作嗎？

A6：有機農藥、肥料都可以自己製作，在這兒提供一些防蟲的有機農藥配方：

種菜土壤在花市及一般五金行、大賣場及園藝店都可買到。

自製農藥

農藥名稱	製作方式
咖啡渣	煮好的咖啡，將渣留下來（可至一般連鎖咖啡店索取）。
薄荷葉汁	將薄荷葉加水搾成汁。
蒜頭醋	以100c.c.的白醋與60克的蒜頭打成汁，再加50倍的水稀釋。
九層塔水	將適量的九層塔加水打成汁，再稀釋。
辣椒水	將辣椒泡水至入味，聞來有辣辣的味道即可（不適用在辣椒、青椒之類的同科植物）。

自製肥料

肥料名稱	製作方式
廚餘	保留果皮、茶葉渣、魚骨及蛋殼等，將它們切碎埋入土裡就是很好用的肥料。
庭園枯枝	蒐集庭院的落葉、枯枝將其搗碎，埋入土壤中就OK了。

農藥或肥料的施用方法很簡便，只要倒一點點的農藥或肥料在泥土上，再覆蓋一層泥巴在土壤上即可。防治病蟲害，還有勤於除雜草、覆蓋紗網等方法，可以根據蔬菜的成長情形而定。

Q7：種菜需要天天照顧才長得大嗎？

A7：天天澆水才能讓蔬菜長得又高又壯，如果嫌麻煩的話，把澆水、拔雜草，當作出門前或回家後的例行公事，只要養成習慣，就不會變成麻煩事了。

Q8：種菜需要花費多少時間，會影響日常生活嗎？

A8：一開始撒苗、育苗的過程可能需花30～50分鐘左右，其餘就是澆水及等收成的時間了，所以耕種的蔬菜量，如果適量的話，是不會影響日常生活的，反而是美化家園、等待收成喜悅的生活樂趣。

Q9：種菜會不會惹來很多蚊蟲？

A9：只要是栽種植物都難免招惹蚊蟲，以下4點可以避免蚊蟲干擾：
1.在通風的陽台或庭院種菜。
2.避免施加過於濕答答的肥料。
3.蓋上紗網。

蓋上紗網是避免蟲害的方法之一

4.如果心有餘力的話，在不同的容器，種植一點薄荷、香茅及薰衣草等驅蚊植物。

Q10：一個容器可以栽種很多菜嗎？

A10：一種容器只能栽種一種蔬菜，因為每種蔬菜的成長方式都不同，如果在一個容器裡栽種兩種以上蔬菜，就會造成施肥、採收上的困難喔！

Q11：哪一種菜最容易耕種？

A11：芽菜類不需費心照顧，一週就有成果可以收成了。小白菜、芥蘭菜、九層塔及薄荷也是生長力強盛、容易耕種發芽的蔬菜。

Q12：收成後，馬上就可以料理蔬菜了嗎？

A12：當然可以，蔬菜採收後，營養將隨存放的時間一點一滴流失，能夠趁新鮮食用最好，如果菜葉不是有枯萎的傾向，就不必急於一次採收完畢，每次烹調多少、再採收多少即可。

COOK50085

自己種菜最好吃
100種吃法輕鬆烹調
&15項蔬果快速收成

國家圖書館出版品預行編目資料

自己種菜最好吃：
100種吃法輕鬆烹調&15項蔬果快速
收成／
陳富順 著.一初版一台北市；
朱雀文化，2008〔民97〕
面； 公分.－（Cook50；085）
ISBN 978-986- 6780-20-2（平裝）
1.食譜
427.3 97001067

作者■陳富順

攝影■蕭維剛

美術設計■許淑君

文字編輯■彭思園

企劃統籌■李橘

發行人■莫少閒

出版者■朱雀文化事業有限公司

地址■台北市基隆路二段13-1號3樓

電話■(02)2345-3868

傳真■(02)2345-3828

劃撥帳號■19234566 朱雀文化事業有限公司

e-mail■redbook@ms26.hinet.net

網址■http://redbook.com.tw

總經銷■展智文化事業股份有限公司

ISBN■978-986-6780-20-2

初版一刷■2008.1

定價■280元

出版登記■北市業字第1403號

出版登記北市業字第1403號
全書圖文未經同意，不得轉載和翻印

About買書：

●朱雀文化圖書在北中南各書店及誠品、金石堂、何嘉仁等連鎖書店均有販售，
如欲買本公司圖書，建議你直接詢問書店店員，如果書店已售完，請撥本公司經
銷商北中南區服務專線洽詢。北區（02）2251-8345 中區（04）2426-0486 南
區（07）349-7445

●●上博客來網路書店購書（http://www.books.com.tw），可在全省
7-ELEVEN取貨付款。

●●●至郵局劃撥（戶名：朱雀文化事業有限公司，帳號：19234566），
掛號寄書不加郵資，4本以下無折扣，5～9本95折，10本以上9折優惠。

●●●●親自至朱雀文化買書可享9折優惠。

{ 自己種菜最好吃 }

100種吃法輕鬆烹調＆15項蔬果快速收成

自己種菜最好吃
100種吃法輕鬆烹調＆15項蔬果快速收成